AF460462

L'AGRICULTURE

DES ENFANTS

DES ÉCOLES PRIMAIRES,

EN DEUX PETITS COURS

A DÉVELOPPER PAR LE MAITRE, A L'AIDE DES PRÉDICATIONS AGRICOLES

DE M. DEFRANOUX.

Voulez-vous, instituteurs et institutrices, que la France vous doive presque aussitôt la révolution agricole qui la rendrait si riche et si puissante ?

Enseignez aux enfants, à l'aide de mes deux petits cours de labour et de mes quatre *Prédications agricoles*, l'art de cultiver la terre le mieux possible, car, *l'avenir de cet art est dans l'école.*

DEFRANOUX.

HUMBERT, ÉDITEUR.

PARIS,
AU BUREAU DE L'ENCYCLOPÉDIE UNIVERSELLE,
Rue Bonaparte, 43.

MIRECOURT
Rue de l'Hôtel-de-Ville, 31.

1862.

PARIS, LIB. — MIRECOURT, TYP. ET STÉR. HUMBERT.

AVANT-PROPOS

—

Ce travail où se trouve indiquée la méthode à suivre par le maître, est divisé en deux cours, l'un des petits enfants, et l'autre des enfants.

Le premier sera développé par le maître, à l'aide du second.

Le second sera développé par le maître, à l'aide des quatre *Prédications agricoles* de M. DEFRANOUX, formant un cours complet d'agriculture des instituteurs, coûtant chacune 75 centimes, et éditées par M. HUMBERT, libraire-éditeur, à Paris, rue Bonaparte, 43.

Au simple examen de ces deux petits cours et des *Prédications* qui les complètent, on acquerra, croyons-nous, la certitude que, dans toute école où ils seront étudiés, ils feront de tout enfant un moniteur intelligent de ses parents, qu'ils transformeront le maître lui-même, et que, par suite, ils auront pour effet de résoudre enfin la question si controversée de savoir s'il est possible d'introduire dans les écoles primaires, un enseignement à la fois fécond et attrayant de l'agriculture.

Tous les instituteurs qu'on exhorte à montrer aux enfants un peu de labour, sont pour la plupart, autant d'Archimèdes disant avec raison ne pouvoir soulever le monde, qu'avec un point d'appui et un levier.

Hé bien, maîtres et maîtresses de l'enfance, nos deux petits cours et nos *Prédications*, sont le point d'appui et le levier que vous sollicitez.

Au nom du progrès qui vous en conjure, de votre devoir et de votre intérêt matériel, intellectuel et moral, mettez-vous donc à l'œuvre, et suscitez ainsi la grande révolution agricole, sans laquelle la France ne pourra se placer sur la même ligne que ses rivales l'Angleterre, l'Allemagne, la Belgique et l'Italie du nord.

PREMIÈRE PARTIE.

L'AGRICULTURE DES PETITS ENFANTS.

AU PETIT ENFANT.

Comme l'enfant plus grand que toi, viens à moi sans crainte, petit enfant.

Ce n'est pas par cœur que tu étudieras sous moi l'agriculture, cette bonne nourrice du genre humain.

Je veux te faire aimer la terre, car elle fait aimer Dieu.

C'est en t'amusant, que je te montrerai un peu de labour.

Je te lirai chaque précepte.

Je te l'expliquerai mot par mot, car ce qui n'est ni expliqué, ni compris ne profite pas, lors même qu'on le sait par cœur.

Quand tu l'auras compris, tu le liras.

Quand tu l'auras lu, tu me l'expliqueras.

L'agriculture, comme tu le vois, n'est pas la mer à boire.

Au reste, si tu profites bien, je te mènerai à la campagne.

Là, quel bonheur !

En effet, c'est une heureuse idée que celle de faire la connaissance des plantes dont le laboureur couvre les champs.

On ne peut se lasser de les examiner.

Les tissus qui les composent sont si fins !

Leur verdure est si tendre et si belle !

Leurs fleurs sont de couleurs si variées, si douces ou si éclatantes !

Elles exhalent un parfum si suave!

Leurs graines fournissent une nourriture si délicate, si délicieuse ou si substantielle!

En vérité, elles sont l'ouvrage de Dieu.

Tout autant que les mondes, elles célèbrent sa gloire.

Si le temps n'est pas beau, nous entrerons dans une ferme.

Là, tu sauras avec étonnement, que le fumier qu'auparavant tu méprisais est un trésor.

Devant de grandes jattes de lait, tu comprendras que la vache soit chère au laboureur.

La toison du mouton t'indiquera d'où vient le drap.

Nous verrons, au poulailler, ce qu'il faut aux oiseaux dont la chair est si bonne, et la plume si utile, pour jouir du bien-être qui leur revient à tant de titres.

Nous examinerons, pièce par pièce, les instruments qui rendent le sol moins dur, qui l'unissent, qui peignent les récoltes, qui battent le grain, qui arrachent les racines, qui coupent l'herbe, et qui scient les moissons.

Enfin, nous étudierons, au grenier, la manière de pourvoir d'un peu d'air et de débarrasser des insectes qui les dévorent, les tas de blé qui, réduits en farine et mis en pâte à cuire au four, deviennent notre pain quotidien.

Que de choses nous apprendrons avec attrait, en quelques heures qui nous sembleront des minutes!

Combien tu seras fier du gros bagage de connaissances que tu rapporteras à la maison!

Et ton père et ta mère, seront-ils heureux!

Car, vois-tu, mon enfant, rester de sa faute sans instruction, est être sûr de peu valoir quand on est grand.

L'AGRICULTURE.

L'agriculture est l'art de bien cultiver la terre et de la cultiver avec profit.

L'EXPLOITATION.

L'exploitation se compose du terrain à cultiver et des bâtiments.

L'OUTILLAGE.

L'outillage est la collection de tous les instruments dont on a besoin dans l'exploitation.

LE BÉTAIL.

Le bétail est représenté par les bêtes de trait, de lait, de graisse et de laine.

LE PERSONNEL.

Le personnel est formé de tous les travailleurs de l'exploitation.

LE CAPITAL.

Le capital est l'argent destiné à solder les dépenses à faire jusqu'à la vente des produits.

L'ATMOSPHÈRE.

L'atmosphère est l'air sans lequel les êtres et les végétaux ne pourraient vivre.

LES GAZ.

Les gaz sont des fluides de l'air qui fécondent la terre et qui nourrissent les plantes par leur partie extérieure.

LE CLIMAT.

Le climat est l'état habituellement chaud ou froid d'un pays.

LES SAISONS.

Les saisons sont les quatre parties de l'année appelées *printemps*, *été*, *automne* et *hiver*.

L'EAU.

L'eau est un corps liquide qui tire son origine de l'atmosphère.

Elle est tantôt favorable, et tantôt nuisible à la végétation.

LES PLANTES.

Les plantes tirent par leurs tiges, et surtout par leurs feuilles, leur nourriture des gaz de l'atmosphère.

Elles la tirent aussi de la terre par leurs racines.

LES SUBSTANCES QUI FORMENT LE PLUS GÉNÉRALEMENT LA TERRE ARABLE.

Voici les substances qui forment le plus généralement la couche de terre arable :

Les terres charriées par les eaux, des débris pulvérisés de roches, des dépôts d'anciennes mers, et le résultat de la décomposition de plantes ou d'animaux.

LE SOL.

Le sol est la couche de terre labourable.

C'est l'espèce de terre qui fait le bon ou le mauvais sol.

LE SOUS-SOL.

Le sous-sol est le support du sol.

Il est, selon sa composition, bon ou mauvais pour le sol.

LES AMENDEMENTS.

Les amendements sont des opérations ou des matières qui corrigent ou stimulent le sol.

On amende un sol, en lui ôtant son trop d'humidité, de sécheresse, ou de consistance.

On l'amende aussi, en lui incorporant, à l'aide d'argile ou de sable, par exemple, les matières qui lui manquent.

LES ENGRAIS.

Les engrais sont des ordures en décomposition, telles que le fumier, ou des matières telles que la cendre.

Ils ont pour effet de féconder la terre.

Sans engrais, point de belles récoltes.

LA PRÉPARATION DES TERRES.

Préparer une terre est la rendre favorable à la germination, à la croissance et à la fructification des plantes.

On prépare une terre, en la labourant, en l'assainissant, en l'amendant, en la fumant, et en la nettoyant.

LES SEMAILLES.

Semer est répandre, puis enfouir une graine, pour qu'il en sorte une plante qui en produira beaucoup d'autres.

Il y a plusieurs manières de semer, et la meilleure est celle qui procure les plus belles récoltes.

LES PLANTATIONS.

Quand il ne s'agit pas d'arbres, planter est mettre en terre, à la main, une pomme de terre, par exemple, pour qu'elle en produise beaucoup d'autres.

LE REPIQUAGE.

Repiquer une plante est la transporter d'un terrain sur un autre.

C'est, en même temps, en mettre la racine en terre, à l'aide d'un instrument appelé *plantoir*.

LES CULTURES D'ENTRETIEN.

Entretenir les plantes cultivées, est en favoriser la croissance, en égratignant la superficie du sol avec la houe, la binette ou la herse.

C'est tasser avec le rouleau la terre où elle végète.

C'est entourer de terre le collet du végétal.

C'est sarcler ou éclaircir.

C'est, enfin, arroser le sol trop sec, ou en supprimer l'eau nuisible.

LES CULTURES SPÉCIALES.

Les cultures spéciales sont celles qui ne sont ni fourragères, ni industrielles.

Elles comprennent principalement :

Le froment, le seigle, l'orge, l'avoine, le sarrasin et le maïs.

La pomme de terre, le topinambour, la betterave, la rave, le navet, le panais, la carotte et le chou.

A chaque plante son climat, son sol, son exposition, sa fumure, son amendement et sa culture d'entretien !

LES PLANTES FOURRAGÈRES.

Les plantes fourragères, sont celles qui, vertes ou sèches, servent de nourriture aux animaux.

Sans plantes fourragères, point de bétail, et presque point de grain.

LE PRÉ NATUREL.

Le pré naturel est le terrain qui produit le foin, à l'aide ou non de l'arrosage.

LE PRÉ ARTIFICIEL.

Le pré artificiel est le terrain couvert, pour plusieurs années, ou pour un an, de trêfle, de sainfoin ou de luzerne, par exemple.

LE PRÉ IRRIGUÉ.

Le pré irrigué est celui sur lequel on fait, de temps en temps, pénétrer une bonne eau.

LES PLANTES INDUSTRIELLES.

Les plantes industrielles sont celles qui, comme le colza, la navette, le chanvre et le lin, fournissent à l'industrie, ses matières premières.

LES MALADIES DES PLANTES.

Les maladies des plantes sont causées par un temps défavorable, par les matières qui manquent ou abondent trop dans la terre, ou par l'incurie du laboureur.

LES ENNEMIS DES PLANTES.

Les ennemis des plantes sont des végétaux qui vivent à leurs dépens ou qui les étouffent.

Ils sont aussi des insectes et des animaux qui

coupent, rongent ou dévorent leurs racines, leurs tiges, leurs fleurs, leurs graines ou leurs fruits.

L'ALTERNANCE DES CULTURES.

Alterner les cultures est remplacer les plantes qui ont épuisé ou sali la terre, par des plantes qui feront le contraire.

LES TRAVAUX DE RÉCOLTE.

Récolter est moissonner les grains.
C'est faucher et faner les plantes fourragères.
C'est arracher ou couper les autres plantes.

LA CONSERVATION DES PRODUITS.

Conserver les produits est bien les loger et les ranger.

C'est les nettoyer, les aérer et les garantir contre tout accident.

LES ANIMAUX EN GÉNÉRAL.

Les animaux, je l'ai déjà dit, fournissent travail, viande, suif et laine, et, en un mot, le bénéfice le plus net du laboureur.

En conséquence, les bêtes doivent être parfaitement traitées, pansées, logées, nourries et surveillées.

LES ANIMAUX EN PARTICULIER.

Les animaux sont principalement :
Le cheval, bête de trait et de selle.
Le bœuf, bête de labour et de boucherie.
La vache, bête de labour, de boucherie et de lait.
Le mouton, bête de laine, de boucherie, et quelquefois de lait.
Le porc, bête de boucherie.

LES INDISPOSITIONS ET LES MALADIES DES ANIMAUX.

Les animaux sont, comme nous, exposés aux indispositions, maladies et blessures.

Leur meilleur médecin et chirurgien est le vétérinaire.

S'il n'est pas là ou coûte trop cher, on leur administre les soins qu'il est possible de leur donner, sans risquer d'aggraver leur état.

LA LAITERIE.

La laiterie est le lieu salubre et propre où l'on met le lait.

LA FROMAGERIE.

La fromagerie est le lieu salubre et propre de fabrication des fromages.

LES OISEAUX DE BASSE-COUR.

Les oiseaux de basse-cour sont principalement:

La poule, dont les œufs sont si bons.

Le dindon, qui a une chair aimée du gastronome.

L'oie, qui joint à une bonne chair et à une bonne plume, un foie et une graisse très-estimés.

Le canard, qui se recommande par sa chair, son foie et sa plume.

Le pigeon, qui a une bonne chair.

LES INDISPOSITIONS ET LES MALADIES DE LA VOLAILLE.

La volaille est, comme les animaux, exposée à de nombreuses indispositions et maladies.

Avec un peu d'intelligence et d'adresse, le laboureur peut être son médecin.

La volaille bien abreuvée, bien logée et sagement nourrie, est rarement malade.

CONCLUSION.

Mon cher petit ami, comprends d'abord cette toute petite méthode.

Comprends ensuite celle que, plus loin, je destine aux enfants plus grands que toi.

Les comprenant toutes les deux, étudie celles que j'ai imaginées pour mettre ton maître à même de les développer.

Celles-ci apprises, lis avec certitude de ne pas être embarrassé, le premier livre d'agriculture venu.

Ayant lu beaucoup de livres, tu te sentiras préparé non seulement à bien faire, mais encore à être de bon conseil, et si tes camarades ne font pas autrement, le progrès se fera vite dans la commune.

Cependant, puisse cette espérance ne pas se résoudre en illusion, en des temps si peu favorables aux apôtres obscurs !

En effet, dans nos pays civilisés, la vérité qui sort d'une bouche peu connue, éprouve, à se frayer un passage, plus de peine encore qu'un européen transporté dans les forêts vierges de l'Amérique.

Ceci, petit ami, n'est pas à ton adresse, en ce que la routine résulte de la défectueuse éducation que nous avons reçue.

DEUXIÈME PARTIE.

L'AGRICULTURE DES ENFANTS.

L'AGRICULTURE.

L'agriculture est l'art de cultiver la terre, non seulement avec profit, mais encore sans l'épuiser.

Par suite, elle est l'art qui procure aux hommes et à leurs aides, les animaux, une nourriture abondante et saine.

L'EXPLOITATION.

L'exploitation est constituée par le terrain à cultiver et par les bâtiments.

L'OUTILLAGE.

L'outillage est la collection des instruments de charriage, de culture, de récolte, de conservation, et de préparation des produits.

LE BÉTAIL.

Le bétail est représenté par les bêtes de labour, c'est-à-dire de travail, et par les bêtes de lait, de graisse et de laine, c'est-à-dire, de rente.

LE PERSONNEL.

Le personnel est formé par le fermier, la ménagère, les enfants en état de travailler, et les serviteurs.

LE CAPITAL.

Le capital est l'argent destiné à solder les dépenses à faire jusqu'à la vente des produits.

L'ATMOSPHÈRE.

L'atmosphère est la couche d'air qui environne le globe terrestre.

Elle est l'air que nous respirons.

Elle est, avec la lumière, indispensable à la vie de l'homme, des animaux et des végétaux.

Elle rend la terre féconde.

Elle prépare, pour la nourriture des plantes, certaines matières renfermées dans le sol.

Trop chaude, trop froide, ou trop agitée par le vent, elle nuit aux plantes.

LES GAZ.

Les gaz sont des fluides qui mettent l'air à même de féconder la terre, et de procurer aux tiges, et surtout aux feuilles des végétaux, la nourriture qui leur est nécessaire.

LE CLIMAT.

Le climat est l'état habituellement chaud ou froid d'un pays, pendant la plus grande partie de l'année.

A chaque plante son climat !

LES SAISONS.

Les saisons sont les quatre parties de l'année appelées *printemps*, *été*, *automne* et *hiver*.

A chaque chose et à chaque travail sa saison !

L'EAU.

L'eau est un corps liquide, qui tire son origine de l'atmosphère.

Elle est, comme celle-çi, indispensable à la vie de l'homme, des animaux et des végétaux.

Mauvaise ou trop abondante, elle fait grand tort aux plantes.

On la répand ou on la fait circuler là où elle fait du bien.

Là où elle nuit, on la corrige ou on la supprime.

LES PLANTES.

Les plantes tirent leur nourriture des gaz de l'air, par leurs tiges, et surtout par leurs feuilles.

Elles la tirent aussi de la terre, par leurs racines, surtout quand elles montent en graines.

Elles ont, comme nous, des organes de respiration, de nutrition et de reproduction.

Ces organes sont :

La racine, qui fixe la plante au sol, et qui l'y nourrit de ce qu'elle pompe.

La tige, qui est le support des feuilles, des fleurs et des fruits.

Les feuilles, qui servent à la respiration et à la nourriture.

La fleur, destinée à préparer les graines.

Les étamines, minces filets surmontés d'une poussière appelée *pollen*, et destinée à féconder les graines.

Le pistil, qui occupe le centre de la fleur, et qui reçoit la poussière fécondante.

Toute graine contient un germe qui, mis en terre, devient lui-même une plante.

Les plantes annuelles naissent et meurent dans la même année.

Les plantes bisannuelles ne fructifient et ne meurent que dans la seconde année , ce qui les fait appeler *vivaces.*

Les plantes sont classées par familles.

Ainsi, on appelle *graminées*, le chiendent, le vulpin et le blé, à fleurs de couleur herbeuse.

Ainsi aussi, on appelle *céréales*, le blé, le seigle, l'orge et l'avoine.

La plante alimentaire, légumineuse, farineuse, fourragère, industrielle, médicinale, potagère, racine, ou sarclée, a un nom qui porte sa définition.

Les plantes maraîchères ont été, dans le principe, les plantes potagères cultivées par des jardiniers sur des marais desséchés.

La racine d'une plante est, par exemple :

Celle de la pomme de terre, tubéreuse.

Celle du blé, fibreuse.

Celle du chiendent, traçante.

Celle de la carotte, pivotante.

Celle de l'ognon, bulbeuse.

Dans une plante, la tige creuse et nouée comme celle du blé, s'appelle *chaume.*

La céréale semée, soit seule, soit mélangée de graines dont elle primera les produits, est une culture ou une récolte principale.

Des carottes semées, par exemple, après une céréale, constituent la culture ou la récolte dérobée.

Le semis de blé et de seigle mélangés s'appelle *méteil.*

LES SUBSTANCES QUI FORMENT LE PLUS GÉNÉRALEMENT LA TERRE ARABLE.

Les substances qui forment le plus généralement la couche de terre arable sont :

L'argile, qui, composée de silice, de rouille, d'eau, et d'une substance appelée *alumine*, forme les terres grasses, compactes, consistantes, fortes ou tenaces.

La silice qui, représentée, par la pierre à fusil pulvérisée, forme les terres légères ou inconsistantes.

Le calcaire, roche composée, en très-grande partie, de chaux, et qui, pulvérisée, forme les terres sèches ou chaudes.

L'oxyde de fer qui est la rouille colorant le sol et formant les terres ferrugineuses.

Le sable, qui, composé de grains de silice ou de calcaire, forme les terres sablonneuses.

L'humus, qui est le résultat de la décomposition plus ou moins avancée de matières animales et végétales, et sans lequel le sol est infertile.

LE SOL.

Le sol est, avec l'air, le garde-manger des plantes.

Il est leur point d'attache et leur demeure.

Il est toute la terre à retourner, à diviser, à ameublir, à aérer et à nettoyer par les instruments de labour.

Les sols sont :

Marécageux, s'ils restent dans un état constant d'humidité.

Secs, si la chaleur les pénètre pour y résider.

Arides, s'ils ne produisent rien.

Légers, s'ils ont peu de consistance.

Compactes, s'ils sont gras et serrés.

Froids, s'ils sont humides.

Chauds, s'ils sont secs.

Ferrugineux, s'ils renferment de la rouille ou du fer.

Sableux, siliceux, calcaires, ou argileux, s'ils se composent principalement de sable, de silice, de calcaire, ou d'argile.

Marneux, s'ils se composent, en majeure partie, d'argile calcaire appelée *marne*.

Sablo-marneux, s'ils ont pour bases le sable et la marne.

Argilo-calcaires, s'ils sont formés d'argile et de calcaire.

Argilo-ferrugineux-calcaires, si les parties qui y abondent le plus sont l'argile, la rouille et le calcaire.

Les terres franches sont de fertiles terres à froment.

Les terres d'alluvion sont le produit du charriage opéré par un cours d'eau.

Les terres graveleuses sont formées de sable et de cailloux.

Les terres granitiques sont composées de silice, de paillettes connues sous le nom de *mica*, et d'une substance fertilisante appelée *feldspath*, alors qu'elle est en roche.

Les terres volcaniques sont constituées par les scories en poudre des volcans.

Les terres crayeuses ont pour base le calcaire appelé *craie*.

Les terres tourbeuses résultent presque entièrement de l'humus végétal appelé *tourbe*.

Les landes sont de vastes espaces où il ne croît que des genêts, des bruyères et une mauvaise herbe.

Les dunes sont des amoncellements mouvants de sables provenant des côtes de l'Océan.

LE SOUS-SOL.

Le sous-sol est le support du sol.

Bon sous-sol que celui qui empêche le sol d'être trop sec ou trop humide.

Le sous-sol renfermant des principes fertilisants,

peut être, dans une certaine mesure, mêlé au sol.

Pour devenir fertile, le mauvais sous-sol abondamment ramené à la surface du sol, a besoin d'un à trois ans d'exposition à l'air, à moins qu'on ne l'amende parfaitement.

LES AMENDEMENTS

Tant vaut l'homme, tant vaut la terre.

Amende donc, car amender est corriger et stimuler le sol par une opération, ou à l'aide d'une substance fertilisante.

On amende, par exemple, un sol :

Quand on le laboure.

Quand on le défonce.

Quand on le herse ou le roule.

Quand on l'épierre là où les pierres sont nuisibles, au lieu d'utiles.

Quand on y mêle partie d'un bon sous-sol.

Quand on lui adjoint une autre terre.

Quand on en brûle la superficie par une opération appelée *écobuage*.

Quand on l'arrose.

Quand on le dessèche et aère par le drainage, travail destiné à provoquer l'écoulement souterrain de l'eau nuisible.

L'amendement est aussi l'addition à la terre d'une substance minérale qui lui procure une ou plusieurs des substances fertilisantes qui lui manquent.

Dans ce cas, il est constitué, par exemple, par le plâtre.

Il l'est aussi par la chaux et par la marne calcaire, considérées par beaucoup d'agronomes comme engrais minéraux.

Judicieusement appliqués et dosés, le plâtre, la chaux, la marne et plusieurs autres substances minérales sont des trésors de fertilisation.

Ils divisent le sol trop compacte.
Ils affermissent celui qui manque de consistance.
Ils échauffent celui qui est trop froid.
Ils rafraichissent celui qui est trop chaud.
Ils pourvoient d'humus ou de calcaire la terre qui n'en a pas assez.
Ils donnent de la consistance aux tiges des plantes.
Ils détruisent mauvaise herbe et insectes.

Cependant ils sont nuisibles au sol qui contient abondamment leurs parties constituantes.

Ainsi, charger de chaux une terre éminemment calcaire est lui faire grand mal.

LES ENGRAIS.

Les engrais sont des substances organiques ou inorganiques qui fournissent à la terre les éléments de nutrition des plantes et de modification de ses principes constitutifs, dont elle a besoin pour devenir féconde.

Les engrais inorganiques sont le sel, la potasse, etc.

Ils sont la chaux, la craie, la marne, etc., que tu te refuserais à considérer comme de simples amendements.

Ils sont, à la rigueur, les cendres et les suies, quoique celles-ci proviennent de la combustion de végétaux.

Les engrais organiques sont formés de matières animales ou végétales plus ou moins décomposées.

Exemples : la chair en décomposition, les déjections animales solides ou liquides, les immondices des villes, les fumiers, les purins, les composts, les végétaux secs, les végétaux verts, et, en un mot, toute matière animale ou végétale susceptible de se décomposer d'une manière avantageuse à la terre.

L'engrais organique végétal sec est représenté par les plantes sèches enfouies.

L'engrais organique végétal vert est représenté par les plantes vertes enfouies.

L'engrais organique animal simple est représenté par la chair, le sang ou les os en décomposition.

L'engrais organique animal mixte est représenté par les déjections des animaux et par les fumiers, qui contiennent des matières animales et végétales.

Les engrais végétaux ont plus de fraîcheur, et, par suite, plus de durée que les engrais animaux simples ou mixtes, mais sont moins actifs.

Ils ont l'inconvénient de trop soulever les terres légères.

L'engrais végétal vert est plus actif, mais plus acide que l'engrais végétal sec.

L'engrais liquide a une dénomination qui porte sa définition.

Non étendu d'eau, il brûlerait les plantes.

Il en est de même du purin, qui est le jus de fumier.

Les composts sont un amas de terres, de gazons, de déjections animales, d'ordures, d'amendements, de chairs, de cuirs, de poils, de chiffons de laine, etc.

Les fumiers sont principalement composés de déjections animales et de litière.

Variés dans leur composition, ils sont l'engrais type.

Le fumier de mouton est trois fois plus chaud et plus actif que le fumier de cheval.

Le fumier de cheval, de mulet, de bardeau et d'âne est plus chaud et plus actif que celui de l'espèce bovine.

Le fumier de l'espèce bovine prime celui de l'espèce porcine, qui est le plus frais de tous.

Le fumier de basse-cour l'emporte de beaucoup sur tous les autres.

Plus un fumier est chaud, plus il agit, mais moins il dure.

Applique le fumier chaud à la terre froide.

Applique le fumier froid à la terre chaude.

Semer sans fumure est semer sa ruine.

Ne fume pourtant pas trop.

Soigne ton fumier de telle manière qu'il ne perde, à la cour et au champ, pas plus de ses principes fertilisants que de son volume.

LA PRÉPARATION DES TERRES.

Préparer la terre est la fertiliser.

Comme déjà tu l'as vu, on la prépare de toutes manières, et surtout par le labour.

Le labour, en la divisant, permet à l'air et à l'eau de la pénétrer, pour y exercer une action favorable.

Il la nettoie.

Il lui incorpore l'engrais.

Il facilite l'extension des racines.

Les principaux instruments de labour sont la bêche, la charrue, la herse et le rouleau.

Le labour à la bêche est, surtout dans les terres fortes, le meilleur, mais le plus long et le plus coûteux.

Le labour à la charrue, complété par la herse et le rouleau, est le plus expéditif et le plus économique.

La charrue trace le sillon, et coupe ou arrache la mauvaise herbe.

La herse brise le sillon, unit la terre, et entraîne l'herbe.

Elle répartit et couvre la semence.

Le rouleau brise la motte de terre qui a résisté à la herse.

En même temps, il tasse le sol qui a besoin de consistance et de fraîcheur.

A chaque sol ses instruments de labour et surtout sa charrue !

Laboure profondément les terres grasses, et moins profondément les terres légères.

Sur les terres très-humides ou très-superficielles, laboure, non à plat, mais en billon.

Le billon, je t'en avertis, a un bien grave inconvénient, qui est moins de provoquer la perte de beaucoup de terrain, que d'entraîner l'humus du champ.

Sur la terre forte, le labour vaut mieux relevé que renversé.

Relevé, il permet à la pluie d'agir sur les deux côtés du sillon et de déliter ainsi la terre.

Le labour hâté ne vaut pas le labour lent.

Dans le terrain en pente, laboure de telle manière que la pluie n'entraîne pas les terres.

Plus le climat est chaud, plus les labours d'été peuvent être nuisibles dans les terres sèches et légères.

Négligeant de tracer le sillon d'écoulement, tu exposes tes récoltes à être noyées.

Le nombre des labours dépend de la nature et de l'état de la terre.

Il dépend également de l'espèce de plante à cultiver.

Ne laboure ni dans la boue, ni sur les sols légers trop secs.

Pour une plante à racines traçantes, ne laboure pas profondément.

Ne herse, ni ne roule, sur une terre trempée.

Si, jusqu'ici, tu m'as compris, ton maître te fera connaître l'araire, l'extirpateur, la fouilleuse ou charrue-taupe, le scarificateur et le rigoleur.

LES SEMAILLES, LES PLANTATIONS ET LE REPIQUAGE.

Hésiode a dit : *sème nu*.

Cela t'indique qu'il t'importe de semer avec activité et par un beau temps.

Semer le grain est semer la vie.

Semer est répandre sur une terre bien préparée par le labour, l'amendement et la fumure, les graines destinées à produire des plantes.

Planter est mettre en terre, à la main, une pomme de terre, par exemple, pour qu'elle en produise d'autres.

Repiquer est planter, à l'aide d'un instrument appelé *plantoir*, un végétal transporté d'un terrain sur un autre.

La meilleure semence est la plus belle et la mieux conformée.

Il y a des plantes dont la semence n'est bonne que pour un an.

Généralement les jeunes graines donnent beaucoup de tige et peu de grain.

Les vieilles, sans l'être trop, donnent beaucoup de grain et peu de tige.

Les graines ne germent pas toutes.

Il y en a qui ne germent que la deuxième ou la troisième année.

Avant de semer, on fait tremper certaines semences, celle de maïs, par exemple.

Sème de manière à répartir le mieux possible la graine sur le champ.

Ne sème ni trop clair, ni trop épais, ni trop tôt, ni trop tard, ni sur une terre trempée.

Le semis trop clair donne une récolte peu abondante.

Le semis trop épais fait verser les plantes.

Le semis fait de trop bonne heure est ravagé par la gelée.

Semaille tardive, récolte chétive.

Grain semé dans la boue est grain perdu.

Sur les bonnes terres consistantes, sème clair.

Ce sera faciliter le développement des plantes.

Sur les terres légères, sème plus épais.

Ce sera mettre les plantes à même de conserver leur fraîcheur.

Dans la prairie artificielle, le semis dru produit un fourrage meilleur.

La raison en est qu'il étouffe la mauvaise herbe.

Le sol riche est celui qui demande le moins de semence.

La semaille tardive est celle qui en exige le plus.

Dans le choix de l'époque du semis, vise à ce que la chaleur ne saisisse pas trop les plantes, dans leur jeunesse.

N'enterre ni trop, ni trop peu la semence.

Trop enterrée, elle pourrit.

Trop peu enterrée, elle ne réussit pas, ou est la proie de l'insecte et de l'oiseau.

Enterre-la, par suite, peu superficiellement, là où la plante est exposée au déchaussement.

Assez souvent, et surtout sur les sols sans consistance, fais suivre du roulage le semis ou le hersage.

Le semis à la volée exige du semeur beaucoup d'entente du jet de la semence.

Le semis en lignes est le plus économique et le plus productif.

Il facilite les cultures d'entretien.

En général, repique les plantes par un temps humide.

Espace-les convenablement.

De la beauté des semailles dépend celle des récoltes.

Quels sont donc tous les modes et tous les instruments de semis, et en outre, comment semer chaque plante?

C'est ce que t'apprendra tout-à-l'heure, ou un peu plus tard, ton maître, à l'aide d'un livre où il sera traité assez à fond de la matière.

LES CULTURES D'ENTRETIEN.

Ce n'est pas tout d'amender, de fumer, de labourer et de semer : il faut faire pour les plantes tout ce qui leur permet de croître, de taller et de fructifier.

En conséquence, épampre la végétation trop luxuriante.

Eclaircis celle qui est par trop touffue.

Quand la jeune plante se déchausse, roule.

Quand elle a besoin de taller, herse.

Quand elle a soif, donne-lui à boire.

Quand elle a faim, répands dessus un engrais liquide ou pulvérulent.

Quand il lui faut de la fraîcheur, bute, et en d'autres termes, amasse de la terre autour du pied.

Fais de même sur un sol par trop superficiel.

Quand d'autres plantes l'étouffent, sarcle.

Quand la terre forme croûte autour d'elle, bine.

Comme le sarclage, le binage détruit herbes nuisibles et insectes, et ameublit la superficie de la terre.

Le sarclage et le binage, à l'aide d'instruments à main, exigent beaucoup de temps.

Les meilleurs instruments de culture d'entretien, sont la houe à cheval et le butoir.

Ils font merveille dans les cultures en ligne.

LES CULTURES SPÉCIALES.

Nous entendons ici par *cultures spéciales* :

En premier lieu, les céréales proprement dites

c'est-à-dire, le froment, le seigle, l'orge et l'avoine.

En deuxième lieu, le sarrasin et le maïs.

En troisième lieu, les fèves, les haricots et les pois.

En quatrième lieu, la pomme de terre, le topinambour, la betterave, la rave, le navet, la carotte, le panais, le chou, les concombres, etc.

Pour chacune de ces cultures, considère bien des choses, dont les principales sont :

Les labours préparatoires, tels que le labour proprement dit, le hersage et le roulage.

Les labours complémentaires, tels que le hersage et le roulage des jeunes plantes, le sarclage, le binage et le butage.

Le mode de semis, de plantation ou de repiquage.

La nature du sol, de l'amendement et de la fumure.

L'état de la terre.

Le climat, l'exposition, la saison et le temps.

La manière de récolter, de conserver et de préparer les produits.

Et surtout les frais de main-d'œuvre.

Ainsi dire, est t'avertir que, pour t'instruire à fond, à tant d'endroits et à l'égard de plus de vingt plantes, il me faudrait une multitude de détails, que ne comporte pas le cadre de cette petite méthode.

A qui sait attendre, tout vient à point, et le juge le meilleur en la matière sera ton maître.

LES PLANTES FOURRAGÈRES.

Les cultures spéciales exigent beaucoup de main-d'œuvre.

Relativement, les cultures fourragères, en demandent peu.

Point de bétail, de fumier, de grain et de racines sans prairies.

Un pré rapporte plus qu'un blé.

Ne semer que du grain est être sûr de gagner peu.

C'est le mauvais cultivateur qui achète du foin.

Il te faut au moins moitié de tes terres en prés.

La prairie naturelle est constituée par un engazonnement permanent.

La prairie artificielle est créée par la main de l'homme.

Rarement elle se compose de plus de deux espèces de plantes.

On la rompt, au bout d'un certain nombre d'années.

Le motif en est, qu'elle ne donne plus de produits assez abondants.

Les plantes qui lui servent ordinairement de base, sont :

Le trèfle, le sainfoin, la luzerne proprement dite. la luzerne lupuline et le ray-grass.

La prairie artificielle fournit un fourrage à livrer vert ou sec aux animaux.

Elle permet d'attendre la récolte de foin.

Elle remplit le grenier.

Elle prépare bien la terre pour d'autres récoltes.

Compose le pré naturel de plantes mûrissant ensemble et ne s'étouffant pas.

Pour le rendre durable, multiplie les espèces de semences.

Au besoin, active la végétation par des engrais solides ou liquides, par la marne ou par la cendre de tourbe.

Assainis.

Peigne avec la herse.

Irrigue, en moment opportun.

La prairie naturelle coûte moins, mais produit beaucoup moins que la prairie artificielle plâtrée ou cendrée.

Il y a une multitude de plantes fourragères que, quand tu auras lu et compris cette méthode, ton maître te fera connaître à fond.

Apprends en même temps qu'un grand nombre de plantes des cultures spéciales peuvent fournir des fourrages verts ou secs.

Enfin, ne te lève pas et ne te couche pas sans supplier ton père de faire du fourrage sur la moitié de son domaine.

LES PLANTES INDUSTRIELLES.

La plante industrielle, dont le nom porte la définition, peut enrichir l'agriculteur.

Mais elle demande des soins multipliés et des masses d'engrais.

Cependant, tout petit laboureur que tu sois, ne néglige pas de cultiver la navette, le colza, le chanvre et le lin.

Les principales plantes industrielles sont :

La navette, le colza, la cameline et le pavot, qu'on appelle *plantes oléifères*, parce que leur graine donne de l'huile.

Le chanvre et le lin, qu'on appelle *plantes textiles*, quand leur tige procure de la filasse, et *plantes oléifères*, quand leur graine procure de l'huile.

La cardère ou chardon à foulon.

La betterave à sucre.

La garance, la gaude, le pastel et le safran, qu'on appelle *plantes tinctoriales*, parce qu'on en tire de la couleur.

La moutarde, dont le nom indique la destination.

La chicorée à café.

Le houblon, dont les baies servent à la fabrication de la bière.

Le tabac, dont l'usage est si fatal à la santé et à l'intelligence de l'homme.

Les plantes industrielles veulent des terres de haute fertilité.

Généralement elles épuisent beaucoup le sol.

Les fanes de plusieurs peuvent servir de nourriture verte ou sèche aux animaux.

Le tourteau de celle dont l'huile est mangeable est aimé du bétail.

Un peu plus tard, ton maître t'indiquera les soins et le mode de culture à appliquer à chaque plante industrielle.

LES MALADIES ET LES ENNEMIS DES PLANTES EN VÉGÉTATION.

Les maladies des plantes sont causées par une foule d'accidents dont les principaux sont :

La gelée, le hâle de printemps, les vents violents, les pluies prolongées, les averses, une chaleur excessive, et un brusque passage d'une température à une autre.

Quelques agronomes les attribuent, mais sans administrer de preuves irrécusables, aux brouillards qui, en tout état de cause, dégagent des principes fertilisants.

Les maladies qui sévissent le plus cruellement sur les céréales, sont la rouille, le charbon, la carie et l'ergot, que ton maître te décrira, pour ensuite te les montrer, dans une des courses agricoles que tu feras sous sa conduite.

Un revirement dans la température peut seul arrêter les ravages de la rouille.

Préviens-la, en chaulant ou en salant le champ.

Le chaulage et le sulfatage peuvent, jusqu'à un certain point, prévenir le charbon.

Contre la carie, emploie les mêmes préservatifs, à l'efficacité complète desquels, toutefois, beaucoup d'agronomes ne croient pas.

A l'aide du sulfate de cuivre, associé à l'acide sulfurique, détruis la nielle qui est produite par une petite anguille, et non, comme on l'a cru longtemps, par un petit champignon.

La verse résulte d'un accident qui couche les plantes par terre.

Les plantes qui y sont le plus sujettes sont les céréales.

Les céréales qui y sont le moins exposées sont celles qui sont le moins serrées, qui sont soutenues par d'autres céréales, qui ont de petits épis, qui sont abritées, et qui croissent sur un sol semé d'un peu de sel.

Enfin, les plantes sont étouffées par des plantes nuisibles, dont les principales sont :

Le chiendent, la folle-avoine, l'ivraie, le chardon, la patience et le pas-d'âne, que tu arracheras au lieu de les couper.

Les ennemis animés des plantes sont principalement :

Les vers de terre, les vers blancs, les hannetons, les courtilières, les chenilles, les pucerons, les souris, les mulots et les oiseaux granivores.

Certains animaux, tels que la taupe, le corbeau et le moineau, sont à tort réputés tout-à-fait nuisibles, car ils dévorent une quantité prodigieuse d'insectes.

Les petits oiseaux, dont tu détruis les nids, ou que le chasseur met à mort, sont presque tous d'ardents échenilleurs.

Que dis-je ? mille espèces d'insectes font une guerre acharnée aux insectes ennemis de tes récoltes.

L'ALTERNANCE DES CULTURES.

Cultiver, à la même place, deux mêmes plantes, l'une après l'autre, est épuiser la terre.

C'est tant la charger, cette pauvre terre, qu'à force d'y pomper par ton ordre les sucs nutritifs qui lui conviennent le mieux, la plante qui y revient sans cesse finit par ne plus rien trouver.

En conséquence, elle se refuse à croître, à la même place.

De là, pour la terre, nécessité de recevoir des végétaux qui, ayant d'autres appétits, donnent aux principes fertilisants épuisés le temps de se refaire.

En conséquence, on lui accorde l'alternance des cultures, qui est, par exemple, le semis d'un blé là où l'on vient de supprimer une trèfle, ou le remplacement d'une plante qui épuise et salit le sol, par une plante qui le féconde et le nettoie.

Pour alterner, il faut assoler.

Or, assoler est répartir, dans une année, les plantes sur plusieurs parties égales ou soles du domaine, abstraction faite du pré naturel.

Il ne suffit pas d'assoler.

Il faut aussi établir la rotation qui indique, pour une période de plusieurs années, la manière dont les plantes doivent se succéder.

Voici un exemple de rotation quadriennale, c'est-à-dire de quatre ans.

ANNÉES ET ASSOLEMENTS.	1re SOLE.	2e SOLE.	3e SOLE.	4e SOLE.
1re année ou 1er assolement.	Cultures sarclées.	Avoine.	Trèfle.	Blé.
2e année ou 2e assolement.	Avoine.	Trèfle.	Blé.	Cultures sarclées.
3e année ou 3e assolement.	Trèfle.	Blé.	Cultures sarclées.	Avoine.
4e année ou 4e assolement.	Blé.	Cultures sarclées.	Avoine.	Trèfle.

Plus une rotation embrasse d'années, plus elle est avantageuse, en ce que chaque plante revient moins souvent à la même place.

La rotation qui admet la jachère morte, c'est-à-dire la jachère non cultivée, ne vaut rien.

Voulant passer de la rotation triennale, c'est-à-dire de trois ans, avec jachère morte, à un meilleur système de culture, on doit bien se garder de couvrir de plantes racines une étendue de plus de cinquième de celle qu'occupent les plantes fourragères.

LES TRAVAUX DE RÉCOLTE.

Le moment de la récolte arrive.

Avant d'agir, prépare-toi à travailler comme deux, et à être partout.

Que les voitures, les attelages, les liens et les instruments se trouvent en bon état!

Interroge le temps, et s'il s'annonce bien, prends aussitôt faucille, sape ou faux, bêche, fourche et houe à main.

Si tes facultés pécuniaires le permettent, réserve le gros de la besogne aux machines dites *faucheuse* et *moissonneuse*.

Réserve-le aussi, pour les cultures en lignes, à la houe à cheval, au butoir et à la charrue sans versoir.

Ces instruments travaillent avec une célérité extrême.

Sciant les céréales avec la faucille, tu mets chaque poignée près de la précédente.

Les bandes ainsi formées s'appellent *javelles*.

Réunissant ensemble assez de javelles pour en faire une botte, liée avec de la paille de seigle, tu formes ce qu'on appelle une *gerbe*.

Coiffant d'une gerbe renversée l'équivalent de

trois ou quatre gerbes, dressé en faisceau sur le terrain, tu formes ce qu'on appelle une *moyette*.

La rangée que tu formes, en fauchant fourrages ou céréales, s'appelle *andain*.

Le meulon est la réunion en tas de plusieurs andains plus ou moins secs.

Les meules sont le gros tas de céréales ou de fourrage que, faute de place au gerbier ou au fenil, tu construis dans le champ, pour les y laisser.

Les silos sont des fosses que tu creuses sur place, pour y loger tes tubercules, tes racines ou tes grains.

La javelle veut être étendue de manière à sécher vite.

Le javelage prolongé avarie le grain mouillé.

Pour prévenir ou atténuer les fâcheux effets de la pluie, mets en moyette les céréales que tu ne peux enlever assez tôt.

Monte tes meules de telle manière que le mauvais temps et la souris ne puissent rien contre elles.

Etablis tes silos sur des terres saines et à l'abri des inondations et des gelées.

Pour prévenir l'égrènement, moissonne les céréales, alors que le grain s'écrase assez facilement entre le pouce et l'index.

Bats, au champ, sur un drap, les récoltes qui s'égrènent facilement.

En général, fauche le pré naturel quand les plantes qui y dominent commencent à entrer en pleine fleur.

Le faucheur qui coupe bas est celui qui abat le meilleur foin.

A l'aide du râteau, travaille les andains de foin de telle manière qu'ils sèchent sans griller.

Si, fraîchement coupés, ils sont mouillés, ne les laisse pas épars pour la nuit.

Quand ils sont assez secs, mets-les en petits tas.

En moment opportun, répands ces petits tas, à l'aide du râteau.

Après dessication suffisante, forme de plus gros tas, c'est-à-dire des meulons.

Quand le foin a jeté à peu près tout son feu, hâte-toi de le charger ou de le mettre en meule.

N'oublie jamais que, fanées, certaines plantes de la prairie artificielle, en tête desquelles est le trèfle, perdent facilement leurs feuilles.

Arrache les racines sur une terre suffisamment ressuyée, et par un temps favorable.

L'arrachage a lieu à la main, à la houe, à la fourche, ou à l'aide d'un instrument perfectionné.

Ton maître complétera, en temps utile, toutes ces données qui, pour le moment, te suffisent.

LA CONSERVATION DES PRODUITS.

Conserver est empêcher de se perdre.

Voici plusieurs manières d'atteindre le but.

Bats ton grain de la manière la plus économique.

En conséquence, préfère à l'emploi du fléau, celui de la machine à battre.

Vanne et crible souvent le blé battu.

Au besoin, trie et lave.

Place dans une cave salubre des tubercules et des racines bien nettoyés.

Visite silos et meules, pour t'assurer si les produits y restent sains.

Eloignes-en les animaux nuisibles.

Qu'une extrême propreté règne dans ton grenier à grains !

Ventile-le souvent.

Remues-y à la pelle, de temps en temps, les tas de grain.

Donne à chaque tas, ou plutôt à chaque couche peu d'épaisseur.

Fais-en sortir, de toutes manières, le charançon, la fausse-teigne et l'alucite.

Tasse bien tes foins dans le fenil.

Sales-y ceux qui sont rentrés humides ou de mauvaise qualité.

Rends favorable au battage le plancher de ta grange.

Fais sécher ou vends au commerce les produits qui menacent de s'avarier.

Plus tard, ton maître développera et complétera, bien utilement pour ton instruction, ce petit nombre de préceptes.

L'HORTICULTURE ET L'ARBORICULTURE.

Il y a plus de cultivateurs des champs, que des jardins et des vergers.

L'horticulture et l'arboriculture sont, en comparaison de l'agriculture proprement dite, de petites pourvoyeuses de denrées alimentaires au double usage de l'homme et des animaux.

L'étude des deux premières peut, sans le moindre inconvénient, suivre celle de la première.

En ayant fini avec celle-ci, tu auras incidemment obtenu de ton maître, dans tes courses hors de l'école, assez de données sur la tenue du potager, sur la greffe et sur la taille, pour pouvoir promptement apprendre autant d'horticulture et d'arboriculture que d'agriculture.

Enfin, le professeur qui trop embrasse ou fait trop embrasser, étreint ou fait étreindre mal.

Bien plus, il se rebute et rebute ses élèves.

Par ces motifs, je m'en tiens, pour le moment, à l'enseignement de l'art dont, un jour, tu devras vivre.

Au reste, les bons petits livres en la matière

sont infiniment moins rares que les bonnes méthodes élémentaires d'agriculture proprement dite.

LES ANIMAUX EN GÉNÉRAL.

Point de bétail, point de gros tas de fumier, ni de belles récoltes.

En faire, est battre monnaie avec sa peau, sa chair, son suif, son lait, sa laine, son poil et son travail.

Qui n'en a pas, n'aura pour se nourrir, se désaltérer et se vêtir, que du pain noir, de l'eau et une blouse.

Pourquoi donc maltraites-tu les animaux qui te sont si utiles ?

Est-ce en les battant que tu conserveras longtemps la poule qui te pond des œufs d'or?

Qui est dur pour les bêtes est méchant pour les gens.

Les bêtes rétives et vindicatives sont l'ouvrage, non de Dieu, mais des hommes.

Deux bonnes bêtes de travail valent mieux que quatre mauvaises.

Harnache, attèle et conduis bien.

N'impose pas à l'attelage un labeur excessif.

Nourris-le mieux et plus abondamment que s'il ne faisait rien.

Dans tes choix et achats de bestiaux, considère, avant tout, la qualité et l'avenir.

Défais-toi de la bête qui rend peu de services ou promet peu de profits.

Dans l'achat et dans la vente aie toute ta raison.

Ne te rends pas la vache à lait du maquignon.

Loge bien tes animaux.

Tu n'en perds tant que parce que leur demeure est étroite, basse, sale, obscure ou malsaine.

Dans leurs maladies, n'appelle pas à leur secours le sorcier, qui est un sot ou un fripon.

N'emploie pas même l'empyrique, charlatan trop habile à faire de l'indisposition la maladie, et de celle-ci la mort.

Chez les bêtes, la malpropreté du poil et de la peau engendre la vermine qui les fait dépérir.

En conséquence, panse-les toutes.

Sous le pansage, le poil devient luisant, le corps se développe, et la graisse se forme.

Isole, par crainte de la contagion, celles qui sont malades.

Désinfecte la demeure de tes bestiaux.

Rends presque permanent leur séjour à l'étable.

Ce sera les empêcher d'aller dehors se vider ou se blesser dans des luttes ou dans des courses.

Ce sera surtout les empêcher de piétiner le pré, d'y prendre une maigre nourriture, et d'y manger avec excès l'herbe qui météorise.

Donne-leur la nourriture saine et variée la plus capable de leur plaire et de les développer.

Fais-les passer graduellement d'une nourriture à une autre, comme du repos au travail.

Nourris mieux que toute autre, mais sans la rendre trop grasse, la bête qui porte ou qui allaite.

Veille sans cesse sur celle qui met bas ou qui naît.

Ne choisis, pour l'engrais, que celle qui paraît pouvoir prendre la graisse de bonne heure et promptement.

Que les mâles et les femelles destinés à la reproduction, portent la plupart des signes qui promettent de beaux et bons produits !

Qu'ils ne soient ni trop jeunes, ni trop vieux, et n'aient pas de vices de caractère susceptibles de se transmettre !

Ne les emploie pas trop fréquemment.

L'entretien, l'engrais et l'élève des animaux constituent une science bien importante que, plus tard, ton maître t'enseignera.

DES ANIMAUX EN PARTICULIER.

Les animaux de ferme sont :

Le cheval étalon, le cheval hongre, la jument et le poulain.

Le mulet, qui a pour père le baudet, et pour mère la jument.

Le bardeau, qui a pour père le cheval étalon, et pour mère l'ânesse.

Le baudet, l'âne, l'ânesse et l'ânon.

Le taureau, le bœuf, la vache, la génisse et le veau.

Le bélier, le mouton, la brebis et l'agneau.

Le bouc, la chèvre et le chevreau.

Le verrat, le cochon ou porc, la truie et le porcelet.

Le cheval est une généreuse bête de labour, de trait, de carrosse et de selle.

Comme d'ailleurs toute bête, il se pétrit au gré de l'éleveur.

L'employer au travail de trop bonne heure, ou l'accabler de fatigue est le perdre.

Le mulet et le bardeau sont de solides et sobres bêtes de somme et de trait.

Ils sont d'ordinaire têtus.

Vindicatifs, ils donnent de cruelles leçons aux bourreaux de l'espèce animale.

L'âne a souvent le caractère têtu du mulet et du bardeau, et la raison en est un peu qu'on le maltraite trop.

Il est la robuste, sobre et patiente bête de somme, de trait et de selle du pauvre.

Dans notre ingratitude, nous ne le pansons pas.

L'ânesse offre aux poitrines malades un lait qui les sauve.

Le bœuf est une excellente bête de travail et de boucherie.

La vache est une précieuse bête de travail, de lait et de boucherie.

Trop la faire travailler est lui ôter son lait.

A de nombreux signes, on reconnaît si elle est bonne laitière ou bonne beurrière.

Sans une bonne nourriture, ces signes tiennent peu leurs belles promesses.

Le mouton enrichit son maître par sa chair, par sa laine, par sa peau, et même par son lait.

Il est très-délicat, et, par exemple, le pâturage dans les lieux insalubres le rend malade ou le fait périr.

La chèvre est la vache du pauvre.

Elle offre aux poitrines délicates un lait qui leur est très-salutaire.

Sa peau, celle du chevreau, et même celle du bouc sont employées à de nombreux usages.

Le porc a une chair, une graisse et un lard, qui peuvent former la base de ta nourriture ou se vendre avec profit.

Il coûte peu à nourrir.

Son robuste estomac digère toute nourriture.

Si tu ne l'abreuves pas largement, tu le perdras.

T'ayant appris bien peu de ce qu'il faut savoir de chaque animal en particulier, je laisse à ton maître, pour le cas où tu ne quitterais pas trop tôt l'école, le soin de compléter ton instruction.

LES INDISPOSITIONS, LES MALADIES ET LES BLESSURES DES ANIMAUX.

La santé et la sécurité des animaux sont dans des soins et dans des précautions extrêmes.

Quand par, ou sans la faute du maître, les bêtes souffrent, il importe à celui-ci de recourir au vétérinaire.

Celui-ci étant trop loin ou coûtant trop cher, il peut, dans des cas où il n'y a besoin que d'intelligence ou d'adresse, médicamenter et opérer, à l'aide des remèdes et instruments dont se compose la petite pharmacie que, dans sa prévoyance, il a formée.

Les principaux de ces cas, qui te seront d'ailleurs indiqués par ton maître, sont ceux de mauvais poil, d'appauvrissement du sang, de mal de bois, de constipation, de diarrhée, de coliques, d'attaques de la vermine ou des vers, de gale, de dégoût, de météorisation, de dureté du pis de la vache, de tarissement ou d'altération du lait, de pourriture, de clavelée, de maladie du sang, de piétin, d'écorchures, de plaies, et de piqûres de l'œstre.

LA LAITERIE ET LA FROMAGERIE.

Tu ne sais pas tout ce qu'avec de l'intelligence et des précautions, la laiterie et la fromagerie peuvent rapporter.

Avant tout, on donne à la laiterie et à la fromagerie, une bonne exposition et une température convenable.

On veille à ce que les mains qui traient la vache, soient convenablement lavées.

On se sert de vases bien rincés.

On ne prend pas trop profonds ceux où doit se former la crême.

On garantit les produits contre toute mauvaise odeur.

On les visite souvent.

A force de soins, on en augmente la qualité.

A propos de soins, je te dis, en passant, que le

commencement de la sagesse et de la fortune agricoles est dans l'amour et le bon usage du peu qu'on a.

Je ne puis t'apprendre ici que la dixième partie de ce que ton maître devra te dire de la laiterie et de la fromagerie, pour t'en donner l'idée que tu dois en avoir.

LES OISEAUX DE BASSE-COUR.

Les oiseaux de basse-cour ne te rapporteront beaucoup, que si tu ne laisses se perdre aucun des déchets de ferme destinés à les nourrir.

Ils sont, principalement : le coq, le chapon, la poularde, la poule, le poulet et le poussin.

Le dindon mâle, la dinde et le dindonneau.

L'oie mâle ou jars, l'oie femelle et l'oison.

Le canard, la cane et le caneton.

Le pigeon.

Le coq conduit et protége les poules.

La poule, la poularde, le chapon et le poulet sont engraissés pour être vendus.

La poule peut pondre, jusqu'à au moins quatre ans, des œufs qui sont d'une grande ressource alimentaire.

Tu ne saurais trop dire à ton père ou à ta mère, qu'en somme, les meilleures poules de France priment les poules étrangères les plus belles et les plus grosses.

Les poussins, dans les premiers moments de leur naissance, demandent beaucoup de soins.

Rôti, et surtout truffé, le dindon mâle ou femelle coûte cher, mais est très-agréable au gastronome.

Le jeune dindonneau exige encore plus de soins que le poussin.

Meilleur père que le coq, le jars aide l'oie à conduire sa jeune famille.

Comme l'oie, il t'enrichit par sa chair, son foie, sa graisse et sa plume.

L'oison, né depuis trois ou quatre jours, craint l'ardeur du soleil.

Mâle ou femelle, le canard fournit une chair, un foie et une plume estimés.

De tous les jeunes oiseaux de basse-cour, le caneton est le moins délicat.

Le pigeon a une bonne chair.

La volaille qui couve a besoin de beaucoup de soins, de silence et de tranquillité.

Le silence et la tranquillité sont également nécessaires à l'oie, au canard, à la poule, à la poularde et au chapon à l'engrais que favorise une certaine obscurité.

Tout oiseau de basse-cour éprouve continuellement le besoin de boire.

La volaille dépérit dans le pigeonnier ou le poulailler trop froid ou trop peu souvent nettoyé.

Ici, pour compléter ton instruction, ton maitre aura presque autant à t'en dire de chaque oiseau que de chaque animal.

LES INDISPOSITIONS ET LES MALADIES DE LA VOLAILLE.

La volaille qui se pavane et caquette sous tes yeux est si belle, que, ne sachant pas combien la malpropreté lui est funeste, tu ne la crois sujette à nulle maladie ou douleur.

Détrompe-toi.

Elle est souvent atteinte de mue, de pépie, de diarrhée, de constipation, de l'affection appelée *rouge*, de vertige, de tumeur, de goutte, de gale et de vermine.

En outre, elle est cruellement tourmentée par les insectes qui se sont introduits dans ses naseaux et ses oreilles.

En temps utile, ton maître t'édifiera sur toutes les espèces de maladies et d'accidents qui peuvent venir l'affliger.

CONCLUSION.

Dirigé jusqu'ici par un maître qui, dans son enseignement à l'école, dans les champs et dans les fermes, a eu le rare bon sens de ne pas s'adresser à la mémoire, image du tonneau des Danaïdes, enfant, réjouis-toi.

Ne pouvant oublier les préceptes précédents, parce que, grâce aux explications et aux applications qui te les ont fait comprendre, tu les as, à ton tour, expliqués et appliqués, tu es digne d'écouter, et capable de suivre les conseils ci-après :

Avant tout, ne vois le bonheur que dans la sagesse et l'étude.

La sagesse est la vertu, et l'étude est le travail intelligent.

Seconde, dans la mesure de tes forces, le père et la mère qui, dans ton intérêt, arrosent la terre de leurs sueurs.

Demande-leur la raison de chaque opération.

Sache le nom de chacune des parties dont se composent leurs instruments.

Sous le rapport du sol, de l'amendement, de la fumure, des cultures, de l'outillage, de l'étable, du bétail, de la grange, du grenier, de la cave, etc., compare ce qui se passe chez toi avec ce qui se passe chez les autres.

Fais part de tes remarques à tes parents.

Vois greffer et tailler, et ayant vu, tâche de faire.

Emploie ton peu d'argent à des achats de livres agricoles, que tu liras à la veillée.

Communique à ton frère et à ta sœur, sans en être orgueilleux, ce que l'étude t'aura appris.

Plaide la cause des animaux que tu vois maltraiter.

Plaide celle de la terre qu'on ne couvre pas assez d'herbe, ou à laquelle on fait, deux fois de suite, porter du blé.

Va, répétant sans cesse à tout venant, que l'eau fait l'herbe, et que dans celle-ci sont contenus en germe, les bêtes, le lait, la laine, les attelages, le fumier, le grain, les racines et, en un mot, tout bénéfice.

Si tu suis ces conseils, les champs qui t'ont vu naitre te seront toujours chers ; devenu homme, tu les transformeras, et ta part sera large dans ce fait important que l'enfance, initiée aux pratiques rurales les meilleures, aura été la bienfaitrice de l'âge mûr, en lui montrant la voie hors de laquelle il n'y a pas de salut agricole.

C'est merveilleux, mais c'est possible ; c'est même facile, et il ne faut que de bons yeux pour voir qu'à cet endroit, vouloir est pouvoir aussitôt.

Le plus petit moteur imprime à une machine une force prodigieuse, et, je le dis, l'avenir de l'agriculture n'est pas ailleurs que dans l'école.

Laissez les petits enfants venir à moi, disait Jésus, dont la parole indique que, pour changer les hommes, il faut d'abord agir sur l'enfance.

FIN.

Paris, Lib. — Mirecourt, Imp. HUMBERT.

Même Librairie.

LA FERME, Journal agricole et horticole, paraissant du 1er au 5 de chaque mois, en deux livraisons de 16 pages chacune, format in-8o, dédié aux Comices agricoles, aux Cultivateurs, aux Instituteurs, aux gens du monde, à la jeunesse et à toutes les personnes qui, aimant les champs, les jardins, la vigne, les abeilles, etc., veulent s'associer au grand vœu de l'époque : le progrès de l'Agriculture et de l'Horticulture. — Prix : 4 francs par an.

Rédacteur en chef, M. DEFRANOUX.

PRÉDICATIONS AGRICOLES, destinées à guider les Instituteurs et les praticiens instruits dans l'enseignement de l'agriculture, à l'école, à la veillée, et dans les conférences instituées au village, par M. DEFRANOUX.

1re *Prédication :* **L'Exploitation agricole,** au point de vue de tous les Modes de fertilisation des terres, et deux petits Cours gradués d'agriculture de l'enfance.

2e *Prédication :* **L'Exploitation agricole,** au point de vue des Animaux de toute espèce.

3e *Prédication :* **L'Exploitation agricole,** au point de vue des besoins de chaque Plante.

4e *Prédication :* **L'Exploitation agricole,** au point de vue de l'Economie, de l'Hygiène et de la Morale. — **4 volumes** Charpentier. Chaque partie se vend séparément **75 cent.** le volume.

LE PETIT LIVRE DU DEVOIR, ou **École de Morale et de Savoir-vivre,** des fils de l'ouvrier, soit de la terre, soit du marteau, par J.-E. DEFRANOUX, ancien Président de la Société d'Emulation du Jura, membre de celles des Vosges et de Poligny, auteur des *Prédications agricoles.*

RÉGÉNÉRATION DE LA VIGNE par une nouvelle plantation, la plus conforme aux lois connues de la végétation, par M. TROUILLET. Brochure in-12. Prix : 75 centimes.

ÉTUDE de la Rupture des Bourgeons à l'état herbacé, par le même. Dessin et texte, planche lithographiée. In-folio. Prix : 50 centimes.

www.ingramcontent.com/pod-product-compliance
Ingram Content Group UK Ltd.
Pitfield, Milton Keynes, MK11 3LW, UK
UKHW020448180726
13839UKWH00004B/1701

9 782329 458984